¿Qué es la Teoría de la Relatividad?

"Soy en verdad un viajero solitario, y los ideales que han iluminado mi camino y han proporcionado una y otra vez nuevo valor para afrontar la vida han sido: la belleza, la bondad y la verdad."

ALBERT EINSTEIN

LEV LANDAU - YURI RUMER

¿Qué es la Teoría de la Relatividad?

Ilustraciones de Jimmy Scott

Novena Edición

Editorial Universitaria

editor@universitaria.cl

ISBN Impreso 978-956-11-1858-4
ISBN Digital 978-956-11-2811-8

Texto compuesto en tipografía Bodoni 12/14
y títulos en Monotype Gothic Light Condensed 24

Proyectó la edición Mauricio Amster.

Se terminó de imprimir esta
NOVENA EDICIÓN,
de 3.000 ejemplares
en los talleres de Imprenta Salesianos S.A.
General Gana 1486, Santiago de Chile,
en agosto de 2006.

DISEÑO DE PORTADA Y DIAGRAMACIÓN
Paula Díaz Rodríguez
Yenny Isla Rodríguez

ILUSTRACIONES
Jimmy Scott

www.universitaria.cl

INDICE

CAP.

Nota preliminar

Más de sesenta años* han pasado desde el momento en que Albert Einstein creó la Teoría de la Relatividad. Esta teoría, considerada en una época como un juego paradójico del pensamiento, se convirtió, con el transcurso del tiempo, en una de las piedras angulares de la física. Sin la teoría de la relatividad, la física moderna es tan inconcebible como lo sería sin la noción actual de los átomos y las moléculas. Es difícil hasta enumerar los fenómenos físicos que son imposibles de explicar sin la teoría de la relatividad. Basándose en esta teoría, se crean aparatos tan complicados como los aceleradores de partículas elementales, se hace posible el cálculo de las reacciones nucleares, etc.

Lamentablemente, la teoría de la relatividad es muy poco conocida fuera del círculo reducido de especialistas. Y ello se debe a que pertenece al grupo de teorías de elevado grado de dificultad. A alguien que no sea un físico, no se le puede exigir el manejo natural del aparato matemático de esta teoría, por cierto bastante complejo.

Pese a todo, nosotros creemos que las nociones básicas y las ideas de la teoría de la relatividad pueden ser expuestas en forma que resulten accesibles a un amplio círculo de lectores.

Confiamos en que después de leer nuestro libro, el lector ya no podrá pensar que la teoría de la relatividad se reduce a la afirmación *en el mundo todo es relativo*. Por el contrario, él verá que, como cualquiera otra teoría física correcta, la de la relatividad es el estudio de una realidad objetiva ajena a nuestros deseos y gustos. Revisando las antiguas nociones sobre espacio, tiempo y masa, nosotros penetramos más profundamente en el conocimiento de cómo el mundo está verdaderamente construido.

LOS AUTORES

* Esta *Nota* fue escrita por los autores en 1966.

CAPITULO I

La relatividad a la cual nos acostumbramos

¿TODA AFIRMACIÓN TIENE UN SENTIDO?

Por cierto que no. Si elegimos palabras con un sentido muy preciso y las juntamos según las estrictas reglas de la gramática, el resultado puede ser un completo disparate. Por ejemplo, es bien difícil encontrarle un significado a la frase *el agua es triangular.*

Sin embargo, no todos los absurdos son tan evidentes, y con frecuencia una afirmación que a primera vista parece muy cuerda, al ser analizada con más rigor resulta carente de sentido.

DERECHA E IZQUIERDA

¿A qué lado del camino está la casa, a la derecha o a la izquierda? Es imposible contestar directamente.

Si uno va del puente hacia el bosque, la casa está a la izquierda, pero en cambio, caminando desde el bosque hacia el puente, la casa estará al lado derecho. En otras palabras, para definir el costado derecho o izquierdo del camino, hay que establecer la

Fig. 1

dirección respecto a la cual se indicará la izquierda o la derecha (Fig. 1) .

Hablar de la orilla derecha de un río tiene sentido porque la corriente del agua determina la dirección del río.

Los conceptos de derecha e izquierda son, pues, relativos: adquieren significado una vez definida la dirección a la cual se aplican.

¿Qué es ahora, de día o de noche?

Depende del lugar donde se haga la pregunta. Cuando es de día en Santiago, en Pekín es de noche. En

Fig. 2

esto no hay ninguna contradicción. Simplemente, día y noche son conceptos relativos, y si no se indica el punto respecto al cual se plantea la pregunta, no es posible contestarla.

¿Quién es más grande?

En la figura 2 es evidente que el hombre es más grande que la vaca, y en la figura 3 la vaca es más grande que el hombre. Aquí tampoco existe contradicción. Sucede que estos dibujos fueron hechos desde diferentes puntos de observación: uno teniendo más cerca al hombre y el otro a la vaca. Un cuadro se diseña de acuerdo al ángulo visual de la perspectiva y no según las dimensiones reales de los objetos. Es

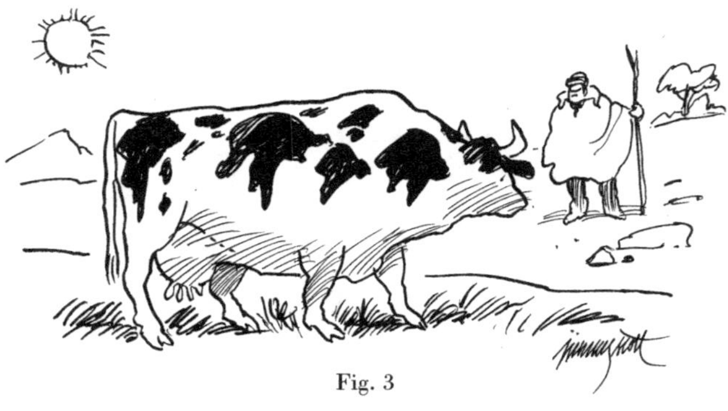

Fig. 3

evidente que las dimensiones angulares de los objetos son relativas. No se puede hablar de éstas sin indicar el punto del espacio desde el cual se efectúa la observación. Por ejemplo, decir que *esta torre se ve con un ángulo de 45º* no tienen ningún significado. En cambio, la afirmación de que la torre se ve bajo un ángulo de 45º desde un punto situado a 15 metros, tiene un sentido muy preciso, pudiendo deducirse de ella que la altura de la torre es de 15 metros.

Cuando lo relativo parece ser absoluto

Si desplazamos el punto de observación a una distancia no muy grande, las dimensiones angulares cambiarán también en una magnitud pequeña. Es por eso que en astronomía se emplea frecuentemente la medida angular.

Es sabido que desde cualquier punto del globo terrestre en que nos situemos para observar el firmamento veremos las estrellas a la misma distancia una de otras. Esto ocurre porque las estrellas se encuentran de nosotros a distancias tan inmensas que nuestros desplazamientos por la Tierra resultan insignificantes. De ahí que, en este caso concreto, la distancia angular pueda ser admitida como medida absoluta.

Si consideramos el movimiento de traslación de la Tierra alrededor del Sol, el cambio de la medida angular será visible, aunque insignificante. Pero si desplazamos el punto de observación a cualquiera estrella, Sirio, por ejemplo, todas las medidas angulares cambiarán tanto, que esas estrellas tan alejadas unas de otras en nuestro cielo pueden estar muy próximas, y viceversa.

Lo absoluto resultó ser relativo

Con frecuencia decimos: arriba, abajo. ¿Son absolutos o relativos estos conceptos?

En diferentes épocas de la historia se han dado respuestas muy diversas a esta pregunta. Cuando los hombres no sabían nada de la esfericidad de la Tierra y creían que era plana como una moneda, la vertical era considerada como concepto absoluto. Al mismo tiempo se suponía que la dirección vertical era idéntica en todos los puntos de la superficie terrestre y resultaba, por lo tanto, perfectamente natural hablar de un "arriba" y un "abajo".

Cuando se demostró que la Tierra era esférica, en la mente de los hombres la vertical comenzó a tambalear... (Fig. 4).

En efecto, si la Tierra es una esfera la dirección de la vertical depende decisivamente del punto de la superficie terrestre a través de la cual pasa la vertical.

En los diversos puntos de la superficie terrestre las direcciones de las verticales serán diferentes. Los conceptos de arriba y abajo dejan de tener sentido si no se define el punto de la superficie terrestre al cual se refieren. Es así como estos conceptos, de absolutos pasan a ser relativos. En el Universo no existe ninguna dirección vertical única; por eso, para cualquier dirección en el espacio podemos encontrar un punto en la superficie terrestre que resultará ser la vertical con respecto a la dirección señalada.

EL "SENTIDO COMÚN" PROTESTA

Hoy día todo esto nos parece evidente. Pero la historia nos enseña que en el pasado no fue cosa fácil para la humanidad comprender la relatividad de conceptos como arriba y abajo. Los hombres tienden a atribuir a los conceptos un significado absoluto si su relatividad no es evidente en la experiencia cotidiana (como en el caso de "derecha" e "izquierda").

Recordemos aquella ridícula objeción respecto a la esfericidad de la Tierra que nos llegó de la remota

Fig. 4

Edad Media: "¿cómo puede andar la gente cabeza abajo ?"

Tal argumento contiene el error de no reconocer que, siendo la Tierra una esfera, la vertical es relativa.

Y claro está, si se niega el principio de la relatividad de la dirección vertical y se admite, por ejemplo, que la dirección vertical de Moscú es absoluta, indudablemente los habitantes de Nueva Zelandia andarán cabeza abajo. Pero habría que recordar entonces que, desde el punto de vista de los neozelandeses, somos nosotros los que caminamos cabeza abajo. Esto no implica contradicción, ya que el concepto de lo vertical no es absoluto sino relativo.

Es preciso destacar que el verdadero significado de la relatividad de la vertical sólo se empieza a comprender cuando se examinan dos regiones de la superficie terrestre bastante alejadas entre sí, como Moscú y Nueva Zelandia, por ejemplo. Tratándose, en cambio, de dos puntos cercanos, por ejemplo dos casas en Moscú, puede considerarse en la práctica que en relación a ellos todas las verticales son paralelas, es decir, que la dirección vertical es absoluta.

Y solamente cuando nos referimos a lugares comparables por sus dimensiones con toda la superficie terrestre, la tentativa de hacer uso de la vertical absoluta conduce al absurdo y a contradicciones.

Los ejemplos examinados demuestran que muchos de los conceptos de los que hacemos uso son relativos, es decir, adquieren sentido sólo al indicar las condiciones en las que se efectúan las observaciones.

CAPITULO II

El espacio es relativo

¿Un mismo sitio o no?

Con frecuencia decimos que dos acontecimientos ocurrieron en un mismo sitio y nos acostumbramos de tal modo a ello que tendemos a atribuir a nuestra afirmación un sentido absoluto. Y sin embargo, ¡esa afirmación no vale nada! Es como decir: ahora son las cinco, sin indicar precisamente dónde son las cinco: en Moscú o en Chicago.

Para demostrarlo, basta imaginar que dos viajeras acuerden encontrarse diariamente en un mismo sitio del vagón del expreso Moscú-Vladivostok —como podría ser Santiago a Buenos Aires—, para escribir cartas a sus maridos. Estos, sin embargo, difícilmente podrán convenir en que sus esposas se encuentren diariamente en un mismo sitio del espacio... Por el contrario, los maridos tienen todos los motivos para afirmar que estos sitios se hallan a centenares de kilómetros unos de otros, pues las cartas que reciben son de Los Andes, Mendoza, Junín. (Fig. 5) *.

*Nota del editor: Un ejemplo tipo para este viaje sería el de Santiago a Buenos Aires como se muestra en la figura.

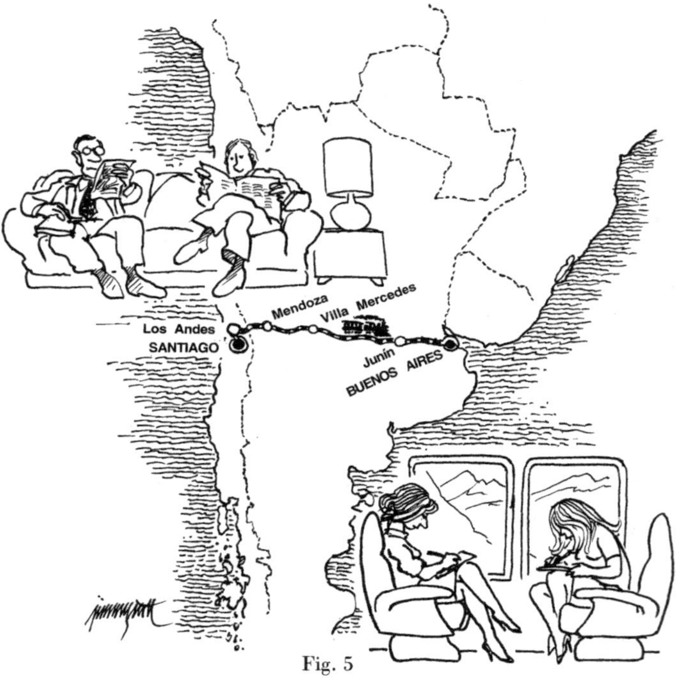

Fig. 5

Por lo tanto, estos dos hechos, o sea, el escribir una carta el primer día de viaje, y luego otra carta el día siguiente, transcurrían en un mismo sitio, desde el punto de vista de las viajeras, pero desde el punto de vista de los maridos están separados por cientos de kilómetros.

¿Quién tiene razón, las viajeras o sus maridos? Nosotros no podemos dar preferencia a ninguno. La expresión *en un mismo sitio del espacio* tiene sólo un sentido relativo.

Igualmente, la afirmación de que dos estrellas coinciden en la bóveda celeste sólo tiene sentido si precisamos que la observación se hace desde la Tierra. Se puede decir que dos acontecimientos coinciden en el espacio solamente cuando se señalan los cuerpos respecto a los cuales se determina la situación de estos acontecimientos.

Por lo tanto, el concepto de la situación en el espacio es relativo. Cuando hablamos de la posición de un cuerpo en el espacio, siempre la suponemos con respecto a otros cuerpos. Carece de sentido pretender fijar la situación de un objeto sin ninguna referencia a otro.

¿CÓMO SE MUEVE EN REALIDAD UN CUERPO?

De lo dicho anteriormente se deduce que "el desplazamiento de un cuerpo en el espacio" es también un concepto relativo. Si decimos que un cuerpo se desplazó, esto significa simplemente que cambió su posición con respecto a otros cuerpos.

Si observamos el movimiento de un cuerpo desde varios observatorios que se desplazan unos respecto a los otros, este movimiento tendrá aspectos completamente diferentes.

Desde un avión en vuelo se lanza una piedra. La piedra cae en línea recta respecto al avión, pero en cuanto a la Tierra, describirá una curva denominada parábola (Fig. 6).

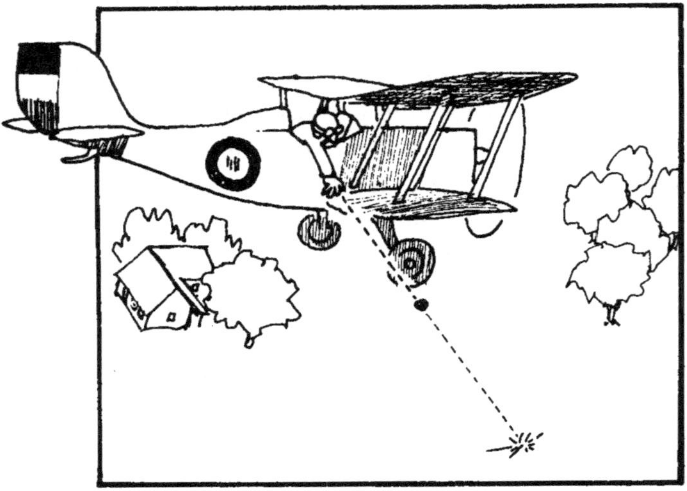

Fig. 6

Pero, ¿cómo se mueve la piedra en realidad?

Esta pregunta no tiene ningún significado. Es como decir: ¿Desde qué ángulo se ve la Luna en realidad? ¿Desde el ángulo que se vería del Sol o desde el ángulo que la vemos desde la Tierra?

La forma geométrica de la curva que describe un cuerpo en movimiento tiene un carácter tan relativo como la fotografía de un edificio. Así como el fotografiar una casa por delante y por detrás obtendremos fotos diferentes, al observar el movimiento de un cuerpo desde diferentes observatorios, obtendremos diferentes curvas de su movimiento.

¿SON EQUIVALENTES O NO TODOS LOS PUNTOS DE OBSERVACIÓN?

Si al observar el movimiento de un cuerpo en el espacio lo que nos interesa es su trayectoria (o sea, la curva que describe el cuerpo), deberemos elegir nuestro punto de observación teniendo en cuenta la claridad del resultado.

Un buen fotógrafo, al elegir el sitio para fotografiar, se preocupa ante todo de la belleza de la composición.

Pero al estudiar el desplazamiento de los cuerpos en el espacio nos interesa algo más. Nosotros no sólo queremos conocer la trayectoria, también queremos predecir cuál será aquélla en condiciones concretas. En otras palabras, queremos conocer las leyes que rigen el movimiento y que obligan al cuerpo a desplazarse así y no de otra manera.

Examinemos desde este punto de vista el problema de la relatividad del movimiento y veremos que en el espacio no todas las posiciones son equivalentes.

Si pedimos al fotógrafo que nos haga una foto para el pasaporte, es lógico que queramos fotografiarnos de frente y no de espaldas (Fig. 7). Esta exigencia determina el punto del espacio desde el cual el fotógrafo debe retratarnos. Cualquiera otra posición la consideraríamos sin correspondencia con la condición requerida.

¡El reposo ha sido encontrado!

Las acciones externas influyen en el movimiento de los cuerpos. A estas acciones las llamamos fuerzas. El estudio de la influencia de éstas nos permite enfocar el problema del movimiento de una manera completamente nueva.

Supongamos que disponemos de un cuerpo sobre el que no actúa fuerza alguna. Este cuerpo, según

Fig. 7

desde dónde lo examinemos, se moverá en una forma más o menos arbitraria. Sin embargo, debe reconocerse que la posición más natural del observador será aquélla desde la que el cuerpo parezca estar en reposo.

Por lo tanto, ahora podemos dar una definición del reposo completamente nueva e independiente del desplazamiento del cuerpo dado respecto a otros. Diremos que, por definición, el cuerpo se encuentra en estado de reposo si sobre él no actúa fuerza externa alguna.

El observatorio en reposo

¿Cómo obtener el estado de reposo? ¿ Cómo podemos tener la seguridad de que ninguna fuerza actúa sobre un cuerpo determinado?

Para ello, desde luego, es preciso alejar a nuestro objeto de todos los demás que puedan actuar sobre él.

Mediante tales cuerpos en reposo podemos crear, aunque sea en la imaginación, un observatorio completo y hablar entonces de las propiedades de los movimientos que se observan desde éste, que en lo sucesivo llamaremos observatorio en reposo.

Si las propiedades del movimiento de un cuerpo observado desde cualquier otro lugar, se diferencian de las propiedades del movimiento en el observatorio en reposo, tendremos entonces derecho a afirmar que el primero se mueve.

¿Se mueve o no el tren?

Habiendo establecido que en los laboratorios que se mueven, las leyes del movimiento son diferentes que en los laboratorios en reposo, parecería que el concepto de movimiento pierde su carácter relativo. Cuando hablemos de movimiento de ahora en adelante podemos simplemente entender que esto significa movimiento relativo al reposo, y llamar absoluto a tal movimiento.

Pero, ¿cualquier desplazamiento del observatorio nos permitirá acaso observar en éste desviaciones de las leyes del movimiento de los cuerpos propias del observatorio en reposo?

Sentémonos en un tren que marche con velocidad constante por una vía recta. Comencemos a observar el movimiento de los cuerpos en el vagón comparándolo con lo que sucede en un tren inmóvil.

La experiencia cotidiana nos indica que en un tren que se mueve en línea recta y a una velocidad uniforme, el movimiento de los objetos no revela ninguna desviación o diferencia de aquel que se observa en un tren inmóvil. Es sabido que una pelotita lanzada verticalmente hacia arriba en el vagón de un tren en marcha, caerá de nuevo en nuestras manos, sin describir la curva explicada en párrafos anteriores (Fig. 8).

Fig. 8

Fig. 9

Si hacemos abstracción del sacudimiento, que es inevitable por razones técnicas, veremos cómo en un vagón que se mueve uniformemente sucede lo mismo que en el inmóvil.

Otra cosa es cuando el vagón disminuye o acelera su movimiento. En el primer caso, experimentaremos una sacudida hacia adelante y en el segundo, hacia atrás, y notaremos claramente la diferencia respecto al reposo.

Ahora bien, si el vagón mantiene una velocidad uniforme, pero cambia la dirección del movimiento:

en las curvas cerradas a la derecha nos sentiremos empujados hacia el lado izquierdo y viceversa (Fig. 9).

Resumiendo estas observaciones, llegamos a la siguiente conclusión: mientras un cuerpo cualquiera se desplace rectilínea y uniformemente respecto a otro en reposo, no será posible descubrir en él desviaciones del comportamiento que tienen los cuerpos en un observatorio en reposo. Pero tan pronto la velocidad del que está en movimiento cambie de magnitud (aceleración o retardación) o de dirección (curva), se notará inmediatamente en el comportamiento de los cuerpos que se encuentran en él (Fig. 10).

El reposo se ha perdido definitivamente

La propiedad asombrosa del movimiento rectilíneo y uniforme del observatorio, de no influir en la con-

Fig. 10

ducta de los cuerpos que se encuentran en él, nos obliga a revisar el concepto de reposo. Resulta que el estado de reposo y el estado de movimiento rectilíneo y uniforme no difieren en nada uno del otro. El observatorio que se mueve en línea recta y a velocidad uniforme respecto al que está en reposo, puede considerarse también como en reposo. Esto significa que no existe un estado absoluto de reposo, sino una infinidad de *reposos* diversos: que no hay observatorio único *en reposo,* sino una cantidad innumerable de observatorios *en estado de reposo,* todos desplazándose rectilínea y uniformemente, pero con velocidades distintas unos respecto a otros. Y ya que el reposo resulta ser relativo y no absoluto, es preciso indicar siempre respecto a cuál de los observatorios, que se desplazan en línea recta y uniformemente, observamos el movimiento.

Como se ve, no logramos convertir el concepto de movimiento en concepto absoluto. Siempre queda abierta la pregunta: ¿respecto a qué *reposo* observamos el movimiento?

Llegamos así a una de las leyes más importantes de la naturaleza, que generalmente se define como *Principio de la Relatividad del Movimiento.*

Esta ley dice: el movimiento de los cuerpos en todos los observatorios que se desplazan unos respecto a los otros de manera rectilínea y uniforme, se realiza de acuerdo a las mismas leyes.

Del principio de la relatividad del movimiento se deduce que un cuerpo sobre el cual no actúa ninguna fuerza externa puede encontrarse tanto en estado de reposo como en estado de movimiento rectilíneo y uniforme. En física este fenómeno se llama: ley de la inercia.

Sin embargo, esta ley parece estar oculta y no se manifiesta directamente. Según la ley de la inercia, un cuerpo en estado de movimiento rectilíneo y uniforme debe proseguir su movimiento indefinidamente mientras no actúen sobre él fuerzas externas. Pero la experiencia nos enseña que los cuerpos a los cuales no se aplican fuerzas tienden a quedar en reposo.

La clave consiste en que sobre todos los cuerpos accionan fuerzas externas, las fuerzas del roce. No existe, pues, la condición necesaria para que rija la ley de la inercia, cual es la ausencia de fuerzas externas que actúan sobre el cuerpo. Pero mejorando las condiciones experimentales mediante la disminución de las fuerzas de rozamiento, podemos aproximarnos a las condiciones ideales imprescindibles para poder observar la ley de la inercia, y demostrar así la justeza de esta ley en los movimientos que observamos en la vida cotidiana.

El descubrimiento del principio de la relatividad del movimiento es uno de los más grandes que se han hecho. Sin él hubiese sido imposible el desarrollo de la Física. Este descubrimiento lo debemos a Galileo Galilei, quien se pronunció valientemente contra la teoría de Aristóteles, imperante en aquel entonces y apoyada por la Iglesia Católica. Aristóteles sostenía que el movimiento es posible sólo si existe una fuerza, sin la cual debe interrumpirse inevitablemente. Con una serie de brillantes experimentos, Galileo demostró que la causa por la que se detienen los cuerpos en movimiento es la fuerza del rozamiento y que de no existir ella, el cuerpo puesto una vez en movimiento, se movería eternamente.

¡LA VELOCIDAD ES TAMBIÉN RELATIVA!

Del principio de la relatividad del movimiento se infiere que no tiene sentido hablar del movimiento rectilíneo y uniforme de un cuerpo a cierta velocidad, sin indicar el observatorio en reposo respecto al cual se ha medido esta velocidad: es como hablar de la longitud geográfica sin haber establecido previamente el meridiano desde el cual se efectúa la medida.

También la velocidad resulta ser un concepto relativo. Si determinamos la velocidad de un mismo cuerpo respecto a diferentes observatorios en reposo, obtendremos resultados diferentes.

Pero al mismo tiempo, cualquier cambio de velocidad, ya sea aceleración, retardación o cambio de dirección, tiene sentido absoluto y no depende del observatorio desde el que observamos el movimiento.

CAPITULO III

La tragedia de la luz

LA LUZ NO SE PROPAGA INSTANTÁNEAMENTE

Hasta aquí nos hemos convencido de que el principio de la relatividad es válido para el movimiento y que existe una infinidad de observatorios *en reposo*. Las leyes del movimiento de los cuerpos son iguales para todos los sistemas. Pero existe una forma de movimiento que a primera vista parece contradecir el principio antes establecido; éste es la propagación de la luz.

La luz viaja a la enorme velocidad de 300.000 kilómetros por segundo; no se propaga instantáneamente.

Es difícil concebir una velocidad tan inmensa, ya que en la vida diaria nos encontramos con velocidades infinitamente más pequeñas. Por ejemplo, la velocidad del cohete cósmico soviético alcanza solamente a 12 kilómetros por segundo. De todos los cuerpos que conocemos, el más veloz es la Tierra; en su movimiento de traslación alrededor del Sol se desplaza a una velocidad de 30 kilómetros por segundo.

¿SE PUEDE CAMBIAR LA VELOCIDAD DE LA LUZ?

Aunque la enorme velocidad con que se propaga la luz es algo sorprendente, más asombroso resulta que esta velocidad sea siempre perfectamente constante.

La velocidad de una bala depende del tipo de fusil y de las propiedades de la pólvora; en cambio, la velocidad de la luz es igual, cualquiera que sea la fuente que la origine.

El movimiento de un cuerpo puede ser disminuido o acelerado artificialmente: si ponemos un cajón con arena en la trayectoria de la bala, ésta perderá parte de su velocidad después de atravesar el cajón y proseguirá más lentamente.

Con la luz ocurre algo completamente distinto. Pongamos una placa de cristal en la trayectoria de la luz. Al pasar por la placa, la velocidad de la luz disminuye, puesto que en el cristal es menor que en el vacío. Sin embargo, al salir de la placa, seguirá propagándose de nuevo con la velocidad de 300.000 kilómetros por segundo.

A diferencia de todos los demás movimientos, la propagación de la luz en el vacío posee la propiedad importantísima de no poder ser disminuida ni acelerada. Cualesquiera sean los cambios que sufra un rayo de luz en una substancia, al volver al vacío se propaga con la velocidad anterior.

En este aspecto, la propagación de la luz se parece más a la del sonido que al movimiento de los cuerpos normales. El sonido es un movimiento vibratorio del ambiente en el que se propaga. Su velocidad está determinada por las propiedades de éste y no por las del cuerpo sonante: la velocidad del sonido, como la de la luz, no puede ser disminuida ni aumentada, incluso si se hace pasar el sonido a través de cualquier cuerpo.

Por ejemplo, si interponemos un tabique metálico en el camino de propagación del sonido, éste cambiará de velocidad dentro de aquel, pero recobrará su velocidad anterior en cuanto vuelva al medio inicial.

Coloquemos ahora dentro de una campana de cristal una bombilla eléctrica y un timbre eléctrico y comencemos a extraer el aire con una bomba de vacío. El sonido del timbre se debilitará hasta hacerse imperceptible, mientras la bombilla seguirá iluminando como antes.

Este experimento demuestra que el sonido necesita de un medio material (en este caso el aire) para propagarse en tanto que la luz puede propagarse también en el vacío.

En esto consiste la diferencia esencial entre ambos fenómenos.

El principio de la relatividad del movimiento parece quebrantarse

El carácter limitado, aunque enorme, de la velocidad de la luz en el vacío está en contradicción con el principio de la relatividad del movimiento.

Imaginemos un tren que marcha a la fantástica velocidad de 240.000 kilómetros por segundo. Supongamos que nos encontramos en la cabeza del tren, y que en la cola se enciende una bombilla. Veamos qué sucede si medimos el tiempo requerido por la luz para llegar desde un extremo a otro del tren.

Aparentemente este tiempo se diferenciará del que se obtenga en un tren en reposo. En efecto, respecto al tren que marcha a una velocidad de 240.000 kilómetros por segundo, la luz debería tener una velocidad (en dirección del movimiento del tren) de 300.000 – 240.000 = 60.000 kilómetros por segundo. (La luz parece propagarse en el sentido de alcanzar la pared delantera del primer vagón. Si colocamos ahora la bombilla en la cabeza del tren y medimos el tiempo requerido por la luz para llegar hasta el último vagón, parecería que la velocidad de ella, en dirección contraria al movimiento del tren, será de 240.000 + 300.000 = 540.000 kilómetros por segundo. La luz y el vagón de cola van al encuentro uno de otro).

Parecería ser que en el tren en marcha, la luz debería propagarse a diferentes velocidades en las dos direcciones, mientras que en el tren en reposo la velocidad sería la misma en ambas direcciones.

Tratándose de un proyectil, la cosa es completamente distinta. Si disparamos dentro del tren en la dirección del movimiento o en sentido contrario, la velocidad de la bala, respecto a las paredes del tren, será siempre la misma e igual a la velocidad de la bala en el tren inmóvil.

La razón es que la velocidad de la bala depende de la velocidad con que se mueve el fusil. En tanto que la velocidad de la luz, como ya dijimos, no varía con los cambios de velocidad del desplazamiento de la bombilla.

Todo esto parece demostrar claramente que el comportamiento de la luz se halla en abierta contradicción con el principio de la relatividad del movimiento. Mientras la bala, tanto en el tren en reposo como en el tren en movimiento, se mueve a una misma velocidad respecto a las paredes del vagón, la luz en el tren que marcha a 240.000 kilómetros por segundo debería propagarse cinco veces más lentamente en una dirección y 1,8 veces más rápidamente en la dirección contraria que en el tren en reposo.

Parece que al estudiar la propagación de la luz, deberíamos ser capaces de establecer la velocidad absoluta del movimiento del tren.

Surge una esperanza: ¿se podrá usar la velocidad de la luz para definir el concepto de reposo absoluto?

Fig. 11

Un laboratorio en el cual la luz se propaga de la misma manera en todas las direcciones a la velocidad de 300.000 kms. por segundo podría decirse que está en reposo absoluto. En cualquier otro laboratorio en movimiento uniforme en una línea recta respecto del primero la velocidad de la lúz debería ser diferente en diferentes direcciones. Si esto resulta así, nada queda de la relatividad del movimiento, la relatividad de las velocidades y la relatividad del reposo establecido anteriormente.

¿Cómo podríamos entender esta situación? En el pasado, valiéndose de la analogía en el comportamiento de la luz y del sonido, los físicos introdujeron el llamado *éter* en el cual la luz se propagaría de la misma manera que el sonido en el aire. Se suponía entonces que los cuerpos al moverse en el *éter* no lo desplazaría a éste consigo, como no desplaza al agua la red de mimbre fino.

Si nuestro tren se encuentra inmóvil respecto al *éter*, la luz se propagará en todas las direcciones a una misma velocidad. El movimiento del tren se revelará de inmediato como tal, porque la velocidad de la luz resultará ser distinta para las diferentes direcciones. Sin embargo, la introducción del *éter-ambiente* —donde las vibraciones se manifiestan en forma de luz— plantea una serie de interrogantes. En primer término, la hipótesis misma tiene un carácter artificial bastante acentuado. En efecto, las propiedades del aire pueden ser estudiadas no sólo observando en él la propagación del sonido sino también mediante los más variados métodos físicos y químicos de investigación. En tanto el *éter*, de una manera misteriosa, no participaría en la mayoría de los fenómenos. La densidad y la presión del aire pueden ser medidas con sistemas muy simples. Pero todas las tentativas de llegar a saber algo sobre la densidad y presión del *éter* no condujeron absolutamente a nada.

Se creó una situación bastante absurda. En esta forma, cualquier fenómeno de la naturaleza puede *explicarse* introduciendo un líquido especial que posea las propiedades requeridas. Pero una verdadera teoría de los fenómenos es mucho más que la enumeración de hechos anotados en lenguaje científico, ya que precisamente sus derivaciones van mucho más allá de los hechos en que se funda esa teoría. Por ejemplo, la hipótesis atómica penetró ampliamente en la ciencia vinculada a problemas de química, pero el concepto de átomo creó la posibilidad de explicar y predecir una enorme cantidad de fenómenos ajenos a la química.

La idea sobre el *éter* podría compararse con la explicación que daría un salvaje del funcionamiento del gramófono al suponer que el cajón misterioso contiene un *espíritu gramofónico* especial.

Por supuesto que una *explicación* de este tipo no explica absolutamente nada.

Antes del *éter*, los físicos habían tenido, en este sentido, una amarga experiencia: en su época, el fenómeno de la combustión lo explicaban con las propiedades de un líquido especial llamado *flogisto* y los fenómenos térmicos con las propiedades de otro líquido llamado *calórico*. Por cierto, ambos líquidos se caracterizaban, igual que el *éter*, por su imperceptibilidad absoluta.

Se crea una situación difícil

Lo más importante es que, si el principio de la relatividad del movimiento no es aplicable a la luz, ello debería conducir al quebrantamiento del principio de la relatividad del movimiento por todos los demás fenómenos.

Todo ambiente material presenta resistencia al movimiento de los cuerpos. Por lo tanto, el desplazamiento de los cuerpos en el *éter* debería estar relacionado con el roce. El movimiento de un cuerpo debería ir disminuyendo hasta convertirse, por fin, en estado de reposo. Sin embargo, la Tierra (según datos geológicos) está girando alrededor del Sol hace ya muchos miles de millones de años y no hay indicios de que vaya frenándose por el roce.

De esta manera, al querer explicar el comportamiento extraño de la luz en un tren en movimiento mediante la existencia del *éter*, nos hemos metido en un callejón sin salida. El concepto de *éter* no permite superar la contradicción entre el quebranto del principio de la relatividad provocado por la luz y la validez de tal principio respecto a todos los demás movimientos.

El experimento debe resolver

¿Qué hacer con semejante contradicción? Antes de pensar en ello, consideremos la siguiente circunstancia.

La contradicción entre el comportamiento de la luz y el principio de la relatividad del movimiento fue deducida exclusivamente mediante razonamientos.

Es verdad, repetimos, que estos razonamientos eran muy convincentes. Pero si nos limitáramos tan sólo al razonamiento, nos pareceríamos a ciertos filósofos antiguos que trataban de descubrir las leyes de la naturaleza dentro de su propia cabeza. Inevitablemente surge el peligro de que el mundo construido de este modo, aunque tenga muchas buenas cualidades, sea muy distinto del mundo real.

El árbitro supremo de toda teoría física es el experimento. Y por esto, dejando a un lado la discusión sobre cómo debe propagarse la luz en un tren en marcha, examinaremos los experimentos que nos demostrarán cómo en realidad se propaga la luz en condiciones similares.

Al proyectar semejante experimento, tenemos la ventaja de vivir en un cuerpo que sin duda alguna se mueve. La Tierra, al moverse alrededor del Sol, no realiza movimiento rectilíneo alguno y, por lo tanto, no puede estar en reposo constante desde el punto de vista de cualquier observatorio en reposo.

Incluso si elegimos como punto de partida un observatorio respecto al cual en el mes de enero la Tierra esté en reposo, en julio ya no lo estará, puesto que habrá cambiado la dirección de su movimiento en torno al Sol. Por eso, al estudiar la propagación de la luz en la Tierra, prácticamente lo hacemos en un observatorio móvil que, en nuestras condiciones, posee además una velocidad bastante importante: 30 kilómetros por segundo. (Podemos prescindir del movimiento de rotación de la Tierra que desarrolla una velocidad de hasta medio kilómetro por segundo).

Llegados a este punto, ¿es posible comparar el globo terrestre con nuestro tren en movimiento que nos condujo a un callejón sin salida? Habíamos supuesto que el tren se movía en línea recta y con velocidad uniforme, pero la Tierra se mueve en órbita. Sin embargo, la identificación es posible. Durante la mínima fracción de segundo requerida por la luz para pasar a través de todos los instrumentos, es perfectamente correcto suponer que la Tierra se mueve uniformemente y en línea recta. El error que se comete al formular esta hipótesis es tan insignificante que no puede detectarse.

Pero ya que comparamos al tren con la Tierra, es lógico esperar que en ésta, al igual que en nuestro tren, la luz se comporte con la misma singularidad y que se propague a velocidades diferentes en direcciones también diferentes.

Tal experimento fue realizado en 1881 por Michelson, uno de los más grandes experimentadores del siglo pasado, que midió con suma precisión la velocidad de la luz en diferentes direcciones respecto a la Tierra. Para llegar a percibir la supuesta pequeñísima diferencia entre las velocidades, Michelson tuvo que recurrir a la más refinada técnica experimental, dando muestras de una extraordinaria ingeniosidad. La exactitud del experimento fue tan elevada que habría podido detectarse una diferencia mucho menor de la prevista.

El experimento de Michelson, que desde entonces se ha repetido reiteradamente en las más diversas condiciones, condujo a un resultado completamente inesperado.

La forma de propagación de la luz en un observatorio en movimiento resultó ser en realidad totalmente diferente a lo que podía esperarse de acuerdo a nuestros razonamientos. En efecto, Michelson descubrió que en la Tierra, en movimiento, la luz se propaga en todas direcciones a una velocidad completamente idéntica. En este sentido, el comportamiento de la luz es igual al de un proyectil: no depende del movimiento del observatorio y, respecto a las paredes de éste, su velocidad es la misma en todas direcciones.

Es así como el experimento de Michelson demostró que, contrariamente a todos nuestros razonamientos, el fenómeno de la propagación de la luz no sólo no contradice el principio de la relatividad del movimiento sino que está perfectamente de acuerdo con él. En otras palabras, nuestros razonamientos anteriores resultaron ser erróneos.

Salir de las llamas y caer en las brasas

Este experimento ha permitido superar la seria contradicción entre las leyes de propagación de la luz y el principio de la relatividad del movimiento. La contradicción resultó ser aparente y se debió, por lo visto, a un error de nuestro razonamiento. Pero ¿dónde está ese error?

Durante casi un cuarto de siglo, desde 1881 hasta 1905, los físicos de todo el mundo se rompían la cabeza tratando de responder a esta pregunta; pero todas las explicaciones propuestas conducían inevitablemente a nuevas contradicciones entre la teoría y el experimento.

Si la fuente del sonido y el observador se desplazan en una jaula móvil hecha de alambre, el observador sentirá un fuerte viento. Si se mide la velocidad del sonido respecto a la jaula, ella será menor en la dirección del movimiento que en la dirección opuesta. Pero si instalamos la fuente del sonido en un vagón con las puertas y ventanas cerradas, y dentro de él medimos la velocidad del sonido, veremos que ésta es igual en todas direcciones, puesto que el aire se desplaza junto con el vagón.

Pasando del sonido a la luz, se podría hacer la siguiente suposición para explicar los resultados del experimento de Michelson: la Tierra, al desplazarse en el espacio, no deja inmóvil al *éter* cuando pasa a través de él, como sucedería con la jaula de alambre. Al contrario, supongamos que la Tierra arrastra consigo al *éter* y forma en su movimiento un todo con él. Entonces, el resultado del experimento de Michelson sería absolutamente comprensible.

Lamentablemente, esta suposición está en franca contradicción con un gran número de otros experimentos, por ejemplo, con la propagación de la luz en un tubo por el que corre agua Si la suposición sobre el arrastre del *éter* fuese correcta, al medir la velocidad de la luz en la dirección en que corre el agua, obtendríamos una velocidad igual a la suma de la velocidad de la luz en estado de reposo más la velocidad del agua corriente. Sin embargo, la medición directa da una velocidad inferior a la que se deduce de este razonamiento.

Ya nos referimos a una extraña situación, cual es que los cuerpos que atraviesan el *éter* no experimentan roce considerable. Pero si además de atravesar el *éter* lo arrastran consigo, el roce, lógicamente, debe ser grande.

Como se ve, todas las tentativas para eludir la contradicción creada por los inesperados resultados del experimento de Michelson, resultan infructuosas.

Resumamos.

El experimento de Michelson confirma el principio de la relatividad tanto para el movimiento de los cuerpos normales como para la propagación de la luz, es decir, para todos los fenómenos de la naturaleza.

Como vimos anteriormente, el principio de la relatividad del movimiento conduce directamente al principio de la relatividad de las velocidades: para observatorios diferentes en movimiento unos respecto a otros, las velocidades tienen que ser diferentes. Por otro lado, la velocidad de la luz, de 300.000 kilómetros por segundo es idéntica en diferentes observatorios. Por consiguiente, esta velocidad no es relativa, sino absoluta.

CAPITULO IV

El tiempo resulta ser relativo

¿DÓNDE ESTÁ LA VERDADERA CONTRADICCIÓN?

A primera vista, puede parecer que se trata de una contradicción lógica. El hecho de que la velocidad de la luz sea igual en todas direcciones confirma el principio de la relatividad, pero por otra parte, la velocidad de la luz es absoluta.

Recordemos aquí la actitud del hombre medieval ante el problema de la esfericidad terrestre: ésta le parecía en completa contradicción con la existencia de la fuerza de gravedad, ya que todos los cuerpos deberían rodar hacia *abajo*, fuera de la Tierra. Pero ahora sabemos que en esto no hay ninguna contradicción lógica. Simplemente, los conceptos de arriba y abajo son relativos y no absolutos (Fig. 12).

Con la luz sucede exactamente la misma cosa.

Sería ocioso buscar una contradicción lógica entre el principio de relatividad del movimiento y lo absoluto de la velocidad de la luz. La contradicción ha surgido solamente porque nosotros, con cierta ligereza, formulamos otras suposiciones, exactamente como hiciera el hombre medieval que, al negar la esfericidad de la Tierra, suponían absolutos los

Fig. 12

conceptos de arriba y abajo. Esta convicción de un arriba y un abajo absolutos, que ahora nos parece ridícula, provenía de su limitada experiencia: la gente viajaba muy poco y Conocía sólo una pequeña parte de la superficie terrestre. Por lo visto, a nosotros nos ocurrió algo semejante y a causa de nuestra limitada experiencia, consideramos absoluto algo que en realidad es relativo. ¿Pero qué, precisamente?

Para descubrir nuestro error, en lo sucesivo nos basaremos solamente en afirmaciones establecidas por experimentos.

Imaginémonos un tren de 5.400.000 kilómetros de longitud, que se mueve en línea recta a una velocidad de 240.000 kilómetros por segundo.

Supongamos que en algún momento en el centro del tren se enciende una bombilla. En el primero y último vagones van instaladas unas puertas automáticas que se abrirán en el momento en que la luz incida sobre ellas. ¿ Qué verá la gente que va en el tren y qué verá la gente que se encuentra en el andén?

Para contestar a esta pregunta, como convinimos, nos atendremos solamente a factores experimentales.

La gente que va sentada en los vagones del centro del tren verá lo siguiente: Según el experimento de Michelson, la luz se propaga respecto al tren a igual velocidad en todas direcciones, es decir, a 300.000 kilómetros por segundo; pasados 9 segundos (2.700.000 : 300.000), la luz alcanzará simultáneamente el primero y último vagones y ambas puertas se abrirán a un mismo tiempo.

¿Pero qué verá la gente en el andén? Respecto a este andén, la luz también se propaga a una velocidad de 300.000 kilómetros por segundo. Pero el último vagón marcha al encuentro del rayo de luz. Por lo tanto, la luz se encontrará con el último vagón dentro de 2.700.000 : (300.000 + 240.000) = 5 segundos. El rayo de luz debe alcanzar también al vagón delantero y por lo tanto, se encontrará con éste solamente transcurridos 2.700.000 : (300.000 - 240.000) = 45 segundos.

Así es que a la gente del andén le parecera que las puertas del tren no se abren simultáneamente. Primero se abrirá la puerta de atrás y solamente pasados 45 – 5 = 40 segundos se abrirá la puerta de adelante*.

De esta manera, dos acontecimientos completamente similares, la apertura de las puertas de adelante y de atrás, resultaron ser simultáneos para la gente del tren y estar separados por un intervalo de 40 segundos para la gente del andén.

EL "SENTIDO COMÚN" QUEDA EN RIDÍCULO

¿Habrá en esto contradicción? ¿ No será todo un hecho absurdo, como decir que la longitud de un cocodrilo desde la cola a la cabeza es de dos metros y de la cabeza hasta la cola de un metro?

Pensemos por qué el resultado obtenido parece tan absurdo, a pesar de encontrarse en completa conformidad con los datos experimentales.

*Más adelante se ampliarán estos razonamientos (ver pág. 86).

Fig. 13

Pero por mucho que pensemos, no lograremos hallar una contradicción lógica en dos fenómenos que transcurren simultáneamente para la gente del tren, pero que resultan estar separados por un intervalo de 40 segundos para la gente del andén.

Lo único que podemos decir para consolarnos es que nuestras deducciones desafían el *sentido común*.

¡Pero recordemos cómo el *sentido común* del hombre medieval se resistía a aceptar el hecho de que la Tierra gira alrededor del Sol! Es que, en realidad, toda la experiencia cotidiana indicaba al hombre de la Edad Media, con seguridad indiscutible, que la Tierra estaba parada y que era el Sol el que se movía alrededor de ella. Y fue ciertamente este mismo sentido común el que ideó aquel argumento ridículo, ya referido, destinado a demostrar que la Tierra de ningún modo podía ser redonda.

El antagonismo entre el *sentido común* y los hechos reales queda jocosamente ilustrado con la anécdota del vaquero que al ver a la jirafa en el parque zoológico exclamó "¡No puede existir una cosa como ésta!" (Fig. 13).

El llamado sentido común no es nada más que una simple generalización de las ideas y costumbres formadas en la vida diaria. Es un nivel determinado de conocimiento que refleja el nivel del experimento.

La dificultad de entender y aceptar el hecho de que desde el andén no parezcan simultáneos dos acontecimientos que transcurren simultáneamente dentro del tren, es semejante a la del granjero que quedó perplejo ante el aspecto de la jirafa. En efecto, así como el granjero no había visto nunca antes a ese tipo de animal, nosotros jamás nos movemos a ninguna velocidad que se aproxime siquiera a la fantástica velocidad de 240.000 kilómetros por segundo. Y no debe sorprendernos que al encontrarse con velocidades tan fabulosas, los físicos observen hechos muy diferentes a los que estamos acostumbrados en la vida cotidiana.

El resultado imprevisto del experimento de Michelson, que situó a los físicos ante estos nuevos hechos, obligó a revisar, a pesar del *sentido común*, conceptos aparentemente tan obvios y familiares como la simultaneidad de dos acontecimientos.

Claro está que permaneciendo en el terreno del *sentido común*, se podría negar la existencia de los nuevos fenómenos, pero en tal caso nos asemejaríamos al granjero de la anécdota.

El tiempo corre la misma suerte que el espacio

La ciencia no tiene miedo de chocar con el llamado sentido común. Sólo teme la discrepancia de los conceptos existentes con los datos nuevos del experimento, y cuando esta discrepancia se manifiesta, la ciencia rompe despiadadamente los conceptos establecidos, elevando así nuestro conocimiento a un nivel superior.

Nosotros sostuvimos la hipótesis de que dos acontecimientos simultáneos seguirían siéndolo en cualquier observatorio. El experimento nos condujo a otra conclusión. Quedó en claro que esa hipótesis es válida sólo en caso que los observatorios estén en reposo uno respecto al otro. Si, por el contrario, ambos se mueven respecto al otro. los acontecimientos simultáneos en uno deben considerarse no simultáneos en el otro. El concepto de simultáneo se convierte en relativo y cobra sentido solamente si se indica cómo se mueve el observatorio donde se observan dichos acontecimientos.

Recordemos ahora el ejemplo de la relatividad de las magnitudes angulares mencionado en el Capitulo I. ¿Qué ocurre allí? Supongamos que la distancia angular de dos estrellas, al observarlas desde la Tierra, resulte igual a cero, por encontrarse ambas en una línea recta común. En nuestra vida de todos los días jamás tendremos contradicción alguna si consideramos que esta afirmación es absoluta. Distinto sería si abandonamos los límites del sistema solar y observamos estas mismas estrellas desde otro punto del espacio. La dimensión angular en este caso resultará diferente de cero.

Para el hombre moderno es evidente que dos estrellas que coinciden al ser observadas desde la Tierra, puedan no coincidir al observarlas desde otros puntos del espacio; pero esto mismo le parecería absurdo al hombre de la Edad Media que se imaginaba al cielo como una cúpula cubierta de estrellas.

Supongamos que se nos pregunta: pero en realidad, haciendo abstracción de toda clase de observatorios, ¿son simultáneos o no ambos acontecimientos? Por desgracia, esta pregunta no tiene más sentido que esta otra: abstrayéndonos de los puntos en que se efectúa la observación, ¿se encuentran o no las estrellas en una misma línea recta? La cosa está en que, así como el problema de las estrellas que se encuentran o no en una misma línea va ligado no sólo a la posición de las estrellas sino además al punto desde el cual se observan, así también la simultaneidad va vinculada no sólo a los dos acontecimientos, sino también al observatorio desde el que se efectúa la observación de estos acontecimientos.

Mientras tuvimos que ver con velocidades pequeñas, en comparación con la velocidad de la luz, no pudimos descubrir la relatividad del concepto simultaneidad. Solamente al estudiar movimientos de velocidades comparables con la de la luz, nos vimos obligados a revisar el concepto de simultaneidad.

De manera análoga los hombres se vieron abocados a revisar los conceptos de arriba y abajo cuando comenzaron a viajar a distancias comparables con las dimensiones de la Tierra. Claro está que, hasta entonces, la noción que se tenía sobre la Tierra plana no podía conducir a ninguna contradicción con el experimento.

Es verdad que nosotros no tenemos posibilidades de desplazarnos a velocidades parecidas a la de la luz y observar con nuestros propios ojos los hechos a que acabamos de referirnos y que, desde el punto de vista de las viejas nociones, resultan tan paradójicos. Pero gracias a la técnica experimental contemporánea, podemos detectar estos hechos con autenticidad completa en una serie de fenómenos físicos.

¡Al tiempo le tocó la misma suerte que al espacio! Las palabras a *un mismo tiempo* resultaron tener tan poco significado como *en una misma línea recta.*

El intervalo entre dos acontecimientos, igual que la distancia espacial entre ellos, exige que se indique el observatorio respecto al cual se hace esta afirmación.

La ciencia triunfa

El descubrimiento del hecho de la relatividad del tiempo significa de por sí una revolución profunda en las opiniones del hombre respecto a la naturaleza. Es una de las victorias más grandes del pensamiento humano y solamente puede compararse con la revolución en las nociones humanas que implicó el descubrimiento de la esfericidad de la Tierra.

El descubrimiento de la relatividad del tiempo fue hecho en 1905 por el físico más grande del siglo XX, Albert Einstein (1879-1955). Este descubrimiento situó al joven Albert Einstein, a los 26 años, en las filas de los titanes del pensamiento humano. Pasó a ocupar un lugar junto a Copérnico y a Newton como trazador de nuevos caminos para la ciencia.

La ciencia sobre la relatividad del tiempo y las consecuencias que de ella se derivan se llama generalmente *Teoría de la Relatividad*. Esta no debe confundirse con el *Principio de la Relatividad del Movimiento*.

La velocidad tiene límite

Antes de la segunda guerra mundial, los aviones volaban a una velocidad inferior a la del sonido; en cambio ahora, ya se construyen aviones *supersónicos*. Las ondas de radio se propagan a la velocidad de la luz. ¿Pero no sería posible tratar de crear un telégrafo *superluminoso* para poder transmitir señales a velocidad superior a la de la luz? Esto resulta imposible.

En efecto, si se pudiese efectuar la transmisión de señales a velocidad infinita, tendríamos entonces la posibilidad de establecer en forma absoluta que dos acontecimientos son simultáneos. Si la señal de velocidad ilimitada sobre el primer acontecimiento llegase simultáneamente con la señal del segundo, diríamos que estos dos acontecimientos transcurrieron simultáneamente. La simultaneidad obtendría así un carácter absoluto, independiente del movimiento del observatorio respecto al cual se hace esta afirmación.

Pero como lo absoluto del tiempo se refuta con el experimento, llegamos a la conclusión de que la transmisión de señales no puede ser instantánea. La velocidad de transmisión de señales de un punto a otro del espacio no puede ser infinita, es decir, no puede superar la magnitud límite denominada velocidad máxima.

Esta velocidad máxima coincide con la velocidad de la luz.

En verdad, de acuerdo con el principio de la relatividad del movimiento, las leyes de la naturaleza en todos los observatorios que se muevan unos respecto a otros en línea recta y uniformemente, deben ser iguales. La afirmación de que ninguna velocidad puede superar el límite establecido es también una ley de la naturaleza y, por lo tanto, la magnitud de la velocidad máxima debe ser absolutamente igual en los diferentes observatorios. La velocidad de la luz, como sabemos, se caracteriza por estas mismas propiedades.

De esta manera, la velocidad de la luz no es simplemente la velocidad de propagación de un fenómeno natural. Desempeña, al mismo tiempo, el importantísimo papel de velocidad máxima.

El descubrimiento de la existencia de una velocidad máxima en la naturaleza es uno de los más grandes triunfos de la mente humana y de la capacidad experimental del hombre.

El físico del siglo pasado no habría podido llegar a pensar que en el mundo existiera la velocidad máxima ni que el hecho de su existencia pudiera ser demostrado. Es más, aún sí en sus experimentos hubiese chocado con la existencia en la naturaleza de una velocidad máxima, este físico no habría podido estar seguro de que fuese una ley de la naturaleza y no el resultado de la limitación de sus métodos experimentales, sujetos a transformaciones a través del desarrollo ulterior de la técnica.

El principio de la relatividad demuestra que la existencia de la velocidad máxima se deriva de la naturaleza misma de las cosas. Esperar que el progreso de la técnica cree la posibilidad de alcanzar velocidades que superen la velocidad de la luz es tan ridículo como suponer que la ausencia en la superficie terrestre de puntos que estén separados por distancias mayores de 20 mil kilómetros no obedece a una ley geográfica sino a la limitación de nuestros conocimientos, y tener esperanzas de que, a medida que se desarrolle la geografía, lograremos encontrar dos puntos en la Tierra que estén aún más separados.

La velocidad de la luz desempeña un papel extraordinario en la naturaleza por ser la velocidad máxima de propagación de todo lo que existe. La luz adelanta a cualquier otro fenómeno o bien llega conjuntamente con éste.

Si el Sol se partiera en dos y formara una estrella doble, por cierto que también cambiaría el movimiento de la Tierra.

El físico del siglo XIX, ignorando la existencia en la naturaleza de la velocidad máxima, indudablemente supondría que el cambio de movimiento de la Tierra habría de ocurrir inmediatamente después de partirse el Sol. Y sin embargo, la luz necesitaría ocho minutos para llegar desde el Sol partido hasta la Tierra.

En realidad, el cambio en el movimiento de la Tierra comenzaría también una vez transcurridos ocho minutos después de haberse partido el Sol, y hasta ese momento la Tierra se movería como si éste no se hubiese partido. Y en general, ningún acontecimiento que le ocurra al Sol, o en el Sol, ejercerá influencia alguna sobre la Tierra ni sobre el movimiento de ésta, hasta haber expirado los ocho minutos.

Claro está que la velocidad final de propagación de una señal no nos impide la posibilidad de establecer la simultaneidad de dos acontecimientos. Sólo habrá que tener en cuenta, como se hace generalmente, el tiempo que demora la señal.

Por lo demás, semejante procedimiento para establecer la simultaneidad es ya totalmente compatible con la relatividad de este concepto. Para calcular el tiempo de retraso, debemos dividir la distancia entre los puntos en que ocurrieron los acontecimientos, por la velocidad de propagación de la señal. Por otra parte ya vimos, al analizar el problema del envío de cartas desde el expreso Santiago-Buenos Aires, que el mismo sitio en el espacio es un concepto también muy relativo.

ANTES Y DESPUÉS

Supongamos que en nuestro tren con la bombilla que se enciende, y que en lo sucesivo llamaremos *tren de Einstein*, se ha estropeado el mecanismo de las puertas automáticas y la gente del tren nota que la puerta delantera se abre 15 segundos antes que la de atrás. La gente en el andén de la estación verá, al contrario, que la puerta de atrás se abre 40 – 15 = 25 segundos antes. De tal manera, aquello que para un observador resulta ocurrir antes, para otro puede ocurrir después.

Sin embargo, inmediatamente surge la idea de que semejante relatividad de los conceptos "antes" y "después" debe tener sus límites. Así por ejemplo (desde el punto de vista de cualquier observador) no es admisible que un niño nazca antes que su madre.

Tomemos el caso de la aparición de una mancha solar. Un astrónomo que observa al Sol a través del telescopio, ve la mancha con ocho minutos de retardo. Pero todo lo que el astrónomo haga después, será absolutamente posterior a la aparición de la mancha; posterior, desde el punto de vista de cualquier observatorio de donde la mancha de Sol y el astrónomo sean observados. Por el contrario, todo lo que ocurrió con el astrónomo ocho minutos antes de surgir la mancha (en forma que la señal de luz respecto a este acontecimiento llegase al Sol antes de aparecer la mancha), ocurrió absolutamente antes.

Pero si el astrónomo se puso las gafas en un momento cualquiera comprendido entre estos dos límites, la relación temporal entre la aparición de la mancha y el ponerse las gafas, ya no será absoluta.

Nosotros podemos movernos respecto al astrónomo y a la mancha de tal forma que, disponiendo de la velocidad y dirección de nuestro movimiento, veamos al astrónomo poniéndose las gafas antes, después, o al mismo tiempo que aparece la mancha.

Así, el principio de la relatividad demuestra que las relaciones temporales entre los acontecimientos pueden ser de tres tipos: absolutamente antes, absolutamente después y *ni antes ni después*, mejor dicho, antes o después, según cual sea el observatorio desde el cual se observan estos acontecimientos.

CAPITULO V

Caprichos de relojes y de líneas

De nuevo nos sentamos en el tren

Tenemos ante nosotros una línea férrea muy larga por la cual corre el *tren de Einstein*. La distancia entre dos estaciones es de 864.000.000 de kilómetros. Para cubrir esta distancia, el *tren de Einstein* empleará una hora a una velocidad de 240.000 kilómetros por segundo.

En ambas estaciones hay relojes. En la primera se sienta en un vagón un pasajero que comprueba su reloj con el de la estación antes de salir el tren. Al llegar a la otra, muy asombrado, verá que su reloj se atrasó. Lo lleva a una relojería y allí la aseguran que está en perfecto estado (Figura 14).

¿Qué es lo que pasa?

Para analizar esta situación, supongamos que el pasajero, con una linterna que está en el suelo del tren, envía un rayo de luz al techo. Allí hay un espejo en el que el rayo luminoso se refleja hacia la bombilla de la linterna. El camino del rayo, tal como lo ve el pasajero en el vagón, se muestra en la parte superior de la figura 15. Pero para el

Fig. 14

observador que se encuentra en la estación, ese camino es completamente diferente. En el tiempo que tarda el rayo de luz en recorrer el camino desde la bombilla hasta el espejo, este último, debido al movimiento del tren, se desplazará. Mientras el rayo de luz retorna, la bombilla se desplazará todavía más en otro tanto.

Como vemos, para los observadores del andén la luz evidentemente recorrió una distancia mayor que para los observadores del tren. Por otra parte, nosotros sabemos que la velocidad de la luz es absoluta y es igual tanto para los que viajan en el tren como para aquellos que se encuentran en el andén. Este hecho nos obliga a sacar una conclusión: ¡entre el envío y el regreso del

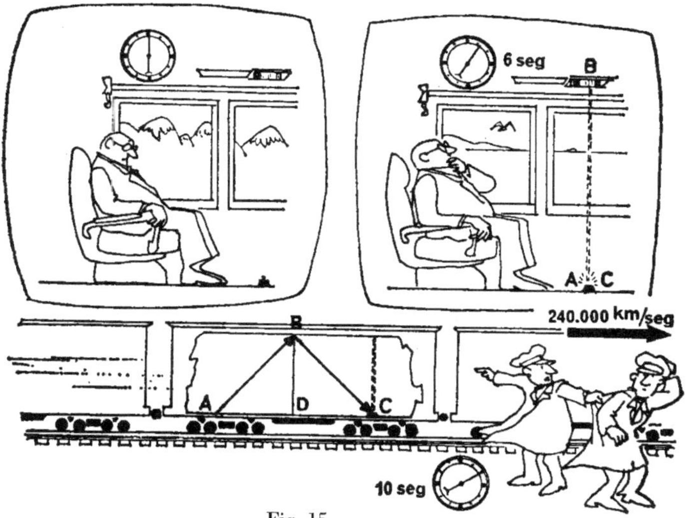

Fig. 15

rayo de luz, en el andén transcurrió más tiempo que en el tren!

No es difícil calcular la relación de los tiempos. Supongamos que el observador del andén estableció que entre el envío y el regreso del rayo de luz transcurrieron 10 segundos. Durante esos 10 segundos, la luz recorrió una distancia de 300.000 * 10 = 3.000.000 de kilómetros. De aquí se deduce que cada uno de los lados AB y BC del triángulo isósceles ABC es de 1.500.000 kilómetros. El lado AC es igual, por lo visto, al camino recorrido por el tren en 10 segundos, es decir, 240.000 * 10 = 2.400.000 kilómetros.

Ahora es fácil determinar la altura del vagón que será la altura BD del triángulo ABC.

En el triángulo rectángulo, el cuadrado de la hipotenusa (AB) es igual a la suma de los cuadrados de los catetos (AD y BD). De la igualdad: $AB^2 = AD^2 + BD^2$ se deduce que la altura del vagón $BD = \sqrt{AB^2 - AD^2} = \sqrt{1.500.000^2 - 1.200.000^2} = 900.000$ kilómetros. La altura es sumamente grande, pero no es de extrañar, tratándose de las dimensiones astronómicas del *tren de Einstein*.

El camino recorrido por el rayo desde el suelo hasta el techo del vagón, y en dirección inversa, desde el punto de vista del pasajero, es igual, naturalmente al doble de la altura, es decir, a 2 * 900.000 = 1.800.000 kilómetros. Para recorrer esta distancia la luz emplea 1.800.000 : 300.000 = 6 segundos.

El reloj se atrasa sistemáticamente

Así, mientras en la estación transcurrieron 10 segundos, dentro del tren transcurrieron solamente 6. Es decir, si por el reloj de la estación el tren llegó una hora después de haber salido, por el reloj del pasajero pasaron solamente $60 * {}^{6}/_{10} = 36$ minutos. En otras palabras, el reloj del pasajero se retrasó, respecto al reloj del andén, 24 minutos en el transcurso de una hora.

No es difícil darse cuenta que el atraso del reloj aumentará con la velocidad del tren.

En efecto, cuanto más próxima sea la velocidad del tren a la de la luz, más cerca estará el cateto AD, que representa el trayecto recorrido por el tren, de la hipotenusa AB, que representa el camino recorrido por la luz, durante un mismo tiempo. Conforme a esto, la relación entre el cateto BD y la hipotenusa disminuye. Pero esta es precisamente la relación entre los tiempos transcurridos dentro del tren y en la estación. Aproximando la velocidad del tren a la de la luz, podemos lograr que en una hora de tiempo de la estación transcurra en el tren un intervalo de tiempo tan pequeño como se quiera. Así por ejemplo, si la velocidad del tren es igual a 0,9999 de la velocidad de la luz, una hora de tiempo en la estación equivaldrá a un minuto en el vagón.

Así, cualquier reloj en movimiento se atrasa respecto a los relojes en reposo. ¿No contradice este resultado al principio de la relatividad del movimiento que fue nuestro punto de partida?

¿No significa esto que los relojes que más se adelantan de todos son los que se encuentran en reposo absoluto?

No, porque la confrontación del reloj del tren con los relojes de las estaciones se efectuó en condiciones totalmente desiguales. ¡Se estaban usando tres relojes en lugar de dos! El pasajero

Fig. 16

comparaba su reloj con dos relojes distintos en estaciones distintas. Por el contrario, si en el vagón delantero y en el de atrás se colgaran relojes, el observador situado en un andén, al comparar la hora del reloj de la estación con las indicaciones de los relojes vistos al paso del tren en marcha, constataría que el reloj de la estación se atrasa sistemáticamente.

En este caso, dado el movimiento rectilíneo y uniforme del tren respecto a la estación, tenemos derecho a considerar al tren como inmóvil y a la estación como si estuviera en movimiento. Las leyes de la naturaleza en ambos casos deben ser idénticas.

Cualquier observador, inmóvil respecto a su reloj, verá que los relojes que están en movimiento respecto a él, se adelantan, y que este adelanto es mayor a medida que aumenta la velocidad con que se mueven.

Esta situación es parecida a aquella en que cada uno de los dos observadores que se encuentran junto a los postes de telégrafo, afirmaría que un poste se ve con un ángulo superior a aquél desde el cual se ve el poste del otro (Fig. 16).

La máquina del tiempo

Figurémonos ahora que el *tren de Einstein* corre por una línea de circunvalación y que, pasado un tiempo determinado, regresa a la estación de salida. Como ya establecimos, el pasajero observará que su reloj se retrasa y que este retraso es mayor cuanto mayor sea la velocidad del tren. Aumentando la velocidad del *tren de Einstein* en la línea de circunvalación se llega a tanto, que mientras para el pasajero ha transcurrido solamente un día, para el jefe de estación han transcurrido muchos años. Al regresar pasado un día, ¡por su reloj!, a su casa, nuestro pasajero se enterará de que todos sus parientes y conocidos han muerto hace mucho tiempo.

A diferencia de la excursión entre dos estaciones en la cual el pasajero confronta su reloj con relojes diferentes, aquí, en el itinerario de circunvalación, se comparan ya solamente las indicaciones de dos relojes y no de tres: del reloj del tren y del reloj de la estación de salida.

¿No habrá en esto contradicción con el principio de la relatividad? ¿Se puede o no considerar que el pasajero se encuentra en reposo y que la estación de salida se desplaza por la circunferencia a la velocidad del *tren de Einstein*? Llegaríamos a la conclusión de que mientras los hombres de la estación viven un día, para los pasajeros del tren habrán transcurrido muchos años. Semejante raciocinio sería injusto, sin embargo, por lo siguiente:

Oportunamente aclaramos que puede considerarse cuerpo en reposo solamente aquél sobre el cual no actúa ninguna fuerza. Es verdad que no existe un *reposo* único, sino una infinidad de ellos, y que dos cuerpos en reposo pueden desplazarse uno respecto al otro, como ya sabemos, en línea recta y uniformemente. Pero sobre el reloj del *tren de Einstein*, que corre por la vía de circunvalación, actúa a ciencia cierta la fuerza centrífuga y, por lo tanto, en ningún caso se le puede suponer en reposo. En esta ocasión, la diferencia entre las indicaciones del reloj en reposo de la estación y del reloj del *tren de Einstein*, es absoluta.

Si dos hombres con relojes marcando la misma hora se separan y, pasado algún tiempo se encuentran nuevamente, el reloj de aquel que estaba en reposo o se movía en línea recta y uniformemente marcará más tiempo, es decir, marcará más tiempo aquel reloj sobre el cual no actúa ninguna fuerza.

Un viaje en ferrocarril de circunvalación, a una velocidad cercana a la de la luz, nos permite verificar en teoría, aunque limitadamente, la *máquina del tiempo* de H. G. Wells: regresando a nuestro punto de partida, descubriremos que nos encontramos en el futuro. Es verdad que en esta máquina del tiempo podemos partir hacia el futuro, pero no podremos retornar al pasado. He aquí su gran diferencia con la *máquina del tiempo* de Wells.

Es inútil esperar que el desarrollo de la ciencia nos permita viajar al pasado. De lo contrario, tendríamos que aceptar como posibles situaciones de lo más absurdas. En efecto, viajando al pasado podríamos encontrarnos en la incongruente posición del hombre cuyos padres no han visto aún la luz del día. Por el contrario, el viaje al futuro implica contradicciones sólo aparentes.

EXCURSIÓN A UNA ESTRELLA

En el cielo hay estrellas situadas a tales distancias de nosotros que su luz demora 40 años en llegar a la Tierra. Como ya sabemos que el movimiento a una velocidad superior a la de la luz es imposible, tendríamos que llegar a la conclusión de que es im-

Fig. 17

posible alcanzar una de estas estrellas en un lapso inferior a 40 años. Tal razonamiento, sin embargo, es incorrecto, ya que no tiene en cuenta el cambio de tiempo en relación al movimiento.

Supongamos que volamos hacia la estrella en el *cohete de Einstein* a la velocidad de 240.000 kilómetros por segundo. Para los habitantes de la Tierra alcanzaríamos la estrella al cabo de 300.000 * 40 : 240.000 = 50 años.

Para nosotros, que volamos en el *cohete de Einstein*, este tiempo, a la velocidad de vuelo mencionada, se reducirá a la relación 10:6. Por consiguiente, alcanzaremos la estrella no dentro de cincuenta años sino dentro de $^{6}/_{10}$ * 50 = 30 años.

Fig. 18

Aumentando la velocidad del cohete y aproximándola a la de la luz, se puede reducir a voluntad el tiempo que necesitan los viajeros para llegar a tan lejana estrella. En teoría, volando a una velocidad suficiente, se podría alcanzar la estrella y regresar nuevamente a la Tierra ¡en un minuto! En la Tierra, sin embargo, habrían transcurrido de todas maneras 80 años (Figs. 17 y 18).

Pareciera que con esto se abren posibilidades de prolongar la vida humana, aunque solamente desde el punto de vista de otros seres, ya que el hombre envejece de acuerdo con *su* tiempo. Sin embargo, por desgracia, al examinarla más de cerca, esta perspectiva está muy lejos de ser promisoria.

En primer lugar, el organismo humano no está adaptado para soportar una aceleración prolongada, muy superior a la aceleración terrestre de la fuerza de gravedad. Para alcanzar una velocidad aproximada a la de la luz, se requiere un tiempo muy prolongado. En seguida, se calcula que en un viaje de año y medio y con una aceleración igual a la de la gravedad terrestre, se puede ganar solamente un mes y medio. Pero si se alarga este viaje, la ganancia de tiempo crecera rápidamente. Volando un año en un cohete, se puede ganar complementariamente año y medio; el viaje de dos años nos proporcionará 28 años, y en tres años de nuestra estancia en el cohete, ¡en la Tierra habrán transcurrido más de 360 años!

Las cifras parecen suficientemente consoladoras.

La cosa no anda tan bien en lo referente al gasto de energía. En un cohete de una tonelada, peso bastante módico, la energía necesaria para volar a la velocidad de 260.000 kilómetros por segundo —velocidad indispensable para *duplicar* el tiempo, es decir, para que por cada año de viaje en el cohete transcurran dos años en la Tierra—, es de 250.000.000.000.000 kilovatios-hora. Tal cantidad de energía se produce en todo el globo terrestre en un período de muchos años.

Pero hasta ahora sólo hemos calculado la energía del cohete en vuelo. ¡No tuvimos en cuenta que previamente se requiere acelerar nuestro aparato hasta alcanzar la velocidad de 260.000 kilómetros por segundo! Y al terminar el vuelo tendremos que frenar el cohete para poder aterrizar con un buen margen de seguridad. ¿Cuánta energía se necesitará para todo esto?

Aunque dispusiéramos de un combustible capaz de producir un chorro propulsor de la mayor velocidad posible, la velocidad de la luz, la energía necesaria tendría que ser 200 veces mayor que la calculada anteriormente. Esto significa que deberíamos gastar tanta energía como produce la humanidad durante varias decenas de años. La velocidad real del chorro en los motores de los cohetes actuales es decenas de miles de veces inferior a la velocidad de la luz. Para nuestro vuelo imaginario, el consumo de energía resulta inverosímil.

Los objetos se reducen

Hemos visto que el tiempo ha sido derribado del pedestal de concepto absoluto, esto es, pasó a tener sentido relativo, exigiendo indicar con precisión aquellos observatorios en que se efectúa la medición.

Ahora volvamos al espacio. Antes de describir el experimento de Michelson, habíamos aclarado que el espacio es relativo, pese a lo cual atribuíamos un

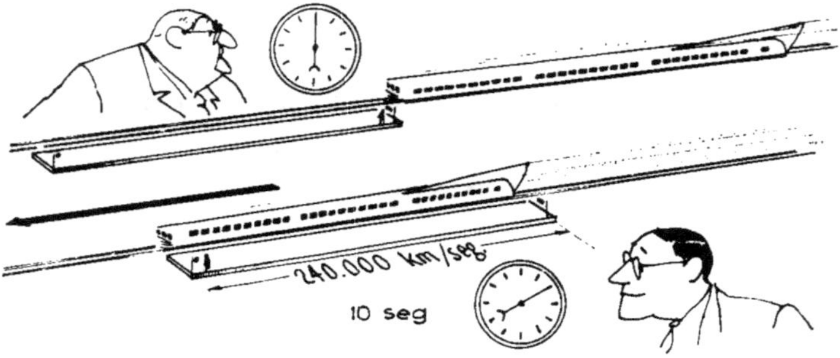

Fig. 19

carácter absoluto a las dimensiones de los cuerpos. En otras palabras, considerábamos las dimensiones como atributos de los cuerpos, independientes del lugar utilizado para la observación. Pero la teoría de la relatividad nos obliga a despedirnos también de esta convicción. Al igual que la idea sobre el tiempo absoluto, ella es simplemente un prejuicio surgido como resultado de que siempre hemos tenido que ver con velocidades ínfimas en comparación con la velocidad de la luz.

Supongamos que el *tren de Einstein* pasa rápidamente a lo largo del andén de la estación que tiene una longitud de 2.400.000 kilómetros (Fig. 19).

¿Estarán conformes con esta afirmación los pasajeros del *tren de Einstein?* Según la indicación del reloj de la estación, el tren recorrerá la distancia de un extremo del andén al otro en 2.400.000 : 240.000

Fig. 20

= 10 segundos. Pero los pasajeros tienen sus relojes y de acuerdo con ellos, el movimiento del tren de un extremo a otro del andén ocupará menos tiempo. Como ya sabemos, será igual a 6 segundos solamente. En consecuencia, los pasajeros estarán en todo su derecho al deducir que la longitud del andén no es de 2.400.000 kilómetros, sino de 240.000 * 6 = 1.440.000 kilómetros (Fig. 20).

La longitud del andén, desde el punto de vista del observatorio que está en reposo respecto a aquél, es, pues, mayor que desde el punto de vista del otro respecto al cual se mueve el andén. Cualquier cuerpo que está en movimiento se contrae en la dirección del movimiento.

Sin embargo, esta contracción en manera alguna es índice de lo absoluto del movimiento. En efecto, basta meterse en un observatorio que esté en reposo respecto al cuerpo para que éste nuevamente se alargue. En igual forma, los pasajeros estimarán que el andén se ha contraído y los hombres en el andén considerarán que se contrajo el *tren de Einstein* (en relación 6:10).

Y esto no será una cuestión de apreciación. Lo mismo indicarán todos los instrumentos que puedan usarse para medir la longitud de los cuerpos.

Ya que hemos descubierto la reducción de los cuerpos, debemos ahora introducir la corrección necesaria en nuestros razonamientos del Capítulo IV, sobre el tiempo de abertura de las puertas en el *tren* de *Einstein.* Cuando calculábamos el momento de la abertura de las puertas desde el punto de vista de los observadores del andén de la estación, supusimos que la longitud del tren en marcha sería igual a la del tren en reposo. Sin embargo, para la gente del andén la longitud se redujo. Según la hora de la estación, el tiempo entre la abertura de las puertas, en realidad, será igual no a 40 segundos sino solamente a $^{6}/_{10} * 40=24$ segundos.

Esta corrección, claro está, no invalida nuestros resultados anteriores.

Las figuras 21 y 22 muestran el *tren de Einstein* y al andén tal como se presentan a los observadores en

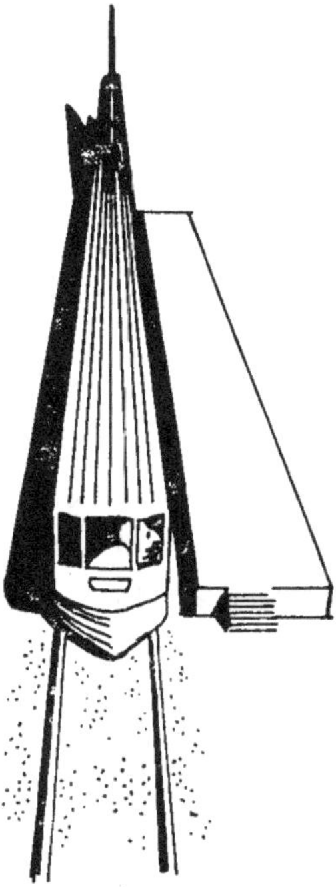

Fig. 21

Fig. 22

la estación y en el tren. Como vemos, en la figura 22 el andén es más largo que el tren, mientras que en el primero, el tren es más largo que el andén.

¿Cuál de estas figuras corresponde a la realidad?

La pregunta es tan carente de sentido como la del pastor y la vaca en el primer capítulo.

Tanto el uno como el otro son de una misma realidad objetiva *observada* desde diferentes puntos de vista.

LAS VELOCIDADES SE MUESTRAN CAPRICHOSAS

¿Cuál es la velocidad de un pasajero, respecto a la vía férrea, si camina hacia la cabeza del tren a una velocidad de 5 kilómetros por hora y el tren marcha a 50 kilómetros por hora? Está claro que la velocidad del pasajero respecto a la línea del ferrocarril es igual a 50 + 5 = 55 kilómetros por hora. El razonamiento empleado se basa en la ley de la suma de velocidades y no surge duda alguna respecto a esta ley. En efecto, en una hora el tren recorrerá 50 kilómetros y el pasajero en el tren caminará cinco kilómetros más. En total los 55 kilómetros de que ya hablamos.

Pero es evidente que la existencia en la naturaleza de una velocidad máxima, impide que la ley de la suma de velocidades pueda ser empleada universalmente para velocidades grandes y pequeñas. Si el pasajero se mueve en el *tren de Einstein* a una velocidad, digamos, de 100.000 kilómetros por segundo, su velocidad respecto a la vía férrea no puede ser igual a 240.000 + 100.000 = 340.000 kilómetros por segundo, ya que esta velocidad excede de la máxima de la luz y, por lo tanto, no puede existir en la naturaleza.

Por eso es que la ley de la suma de velocidades que usamos en la vida diaria resulta imprecisa. Se ajusta solamente a velocidades suficientemente pequeñas en comparación con la velocidad de la luz.

El lector, acostumbrado ya a todo tipo de paradojas de la teoría de la relatividad, comprenderá fácilmente por qué es inaplicable el razonamiento al parecer evidente, mediante el cual acabamos de deducir la ley de la suma de las velocidades. Para ello sumamos las distancias que recorrieron, en una hora, el tren por la vía férrea y el pasajero dentro del tren. Pero la teoría de la relatividad nos enseña que estas distancias no pueden ser sumadas. Hacerlo sería tan absurdo como si, para determinar el área del campo mostrado en la figura 23, multiplicásemos las longitudes de los segmentos AB y BC olvidando que el último está deformado en el dibujo debido a la perspectiva. Además, para determinar la velocidad del pasajero respecto a la estación debemos determinar el camino recorrido por él en una hora del tiempo de la estación, mientras que para establecer la velocidad del pasajero en el tren, hicimos uso del tiempo del tren, lo que, como ya sabemos, no es lo mismo.

Todo esto conduce a que las velocidades, de las cuales una por lo menos es comparable con la velocidad de la luz, se sumen de manera completamente diferente a la acostumbrada. Esta suma paradójica

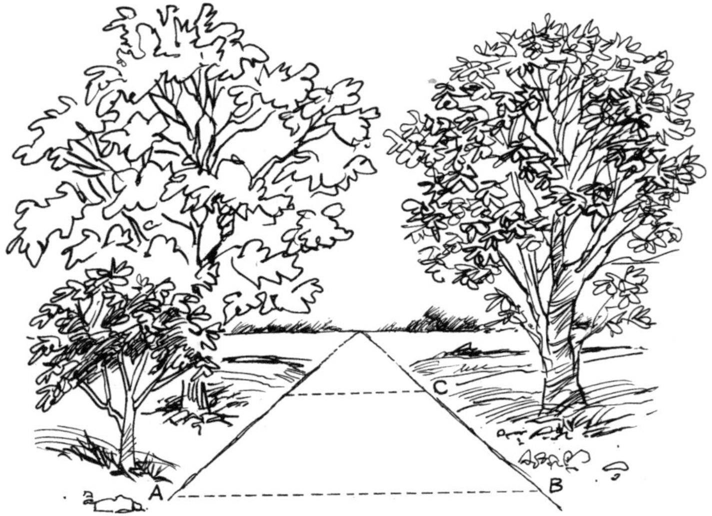

Fig. 23

de las velocidades puede demostrarse experimentalmente cuando observamos, por ejemplo, la propagación de la luz en el agua corriente (argumento ya mencionado). La circunstancia de que la propagación de la luz en el agua corriente no sea igual a la suma de la luz en el agua tranquila más la velocidad del movimiento del agua, sino inferior a esa suma, es consecuencia directa de la teoría de la relatividad.

Las velocidades se suman de un modo muy singular cuando una de ellas es igual exactamente a 300.000 kilómetros por segundo. Esta velocidad, como ya sabemos, tiene la propiedad de permanecer invariable, cualquiera que sea el movimiento del lugar desde el cual se hace la observación. En otras palabras, cualquiera que sea la velocidad que se sume a 300.000 kilómetros por segundo, tendremos siempre la misma velocidad resultante, 300.000 kms. por segundo.

Lo inaplicable de la regla usual de la suma de velocidades puede ser ilustrado con una simple analogía.

Como se sabe, en el triángulo plano (Fig. 24), la suma de los ángulos es igual a dos ángulos rectos.

Fig. 24

Imaginemos, sin embargo, un triángulo dibujado en la superficie de la Tierra (Fig. 24, derecha). Debido a que la Tierra es una esfera, la suma de los ángulos de este triángulo será mayor a dos ángulos rectos. Esta diferencia resulta notable solamente cuando las dimensiones del triángulo son comparables con las de la Tierra.

De la misma manera que para medir áreas de regiones pequeñas en la Tierra puede usarse la planimetría, así también puede usarse la regla usual de la suma de velocidades cuando se trate de sumar velocidades pequeñas.

CAPITULO VI

El trabajo cambia la masa

LA MASA

Supongamos que tenemos un cuerpo en reposo y queremos obligarlo a moverse a una velocidad determinada. Para hacerlo deberemos aplicarle una fuerza. Entonces, si al movimiento no se oponen fuerzas extrañas como, por ejemplo, el roce, el cuerpo se pondrá en movimiento y se moverá con velocidad siempre creciente. Después de un tiempo suficiente, podremos imprimirle a ese cuerpo la velocidad deseada. Al hacer esto veremos que para comunicar la misma velocidad a diferentes cuerpos, con ayuda de una determinada fuerza, se requieren diferentes períodos de tiempo.

Para prescindir del roce, imaginemos que en el espacio cósmico hay dos bolas de dimensiones iguales, una de las cuales es de plomo y la otra de madera. Vamos a impulsar estas bolas con una misma fuerza hasta que ambas alcancen, por ejemplo, una velocidad de diez kilómetros por hora.

Es evidente que para obtener este resultado, habrá que aplicar una fuerza a la bola de plomo durante un lapso superior al requerido para la bola de madera. Para definir esta circunstancia, diremos que la bola de plomo tiene mayor masa que la de madera. Puesto que al aplicar una fuerza constante, la velocidad aumenta en proporción al tiempo, como medida de la masa se toma la relación entre el tiempo necesario para alcanzar una velocidad dada desde el estado de reposo y la velocidad misma. La masa de un cuerpo es proporcionar a esta relación, y el coeficiente de proporcionalidad depende de la fuerza que causa el movimiento.

La masa crece

La masa es una de las propiedades más importantes de cualquier cuerpo. Comúnmente se supone que la masa de un cuerpo no cambia, y que en particular, no depende de la velocidad. Esto se deduce de nuestra afirmación inicial según la cual al aplicarse una fuerza constante, la velocidad aumenta proporcionalmente al tiempo de acción de dicha fuerza.

Esta afirmación se basa en la regla general de la suma de velocidades. Sin embargo, acabamos de demostrar que ella no es aplicable en todos los casos.

¿Qué haremos para obtener la magnitud de la velocidad dos segundos después que ha comenzado la acción de la fuerza? Pues bien, sumaremos la velocidad que el cuerpo tenía al finalizar el primer segundo con la velocidad que adquirió durante el segundo siguiente, de acuerdo a la regla usual de la suma de velocidades.

Pero se puede proceder así sólo mientras las velocidades adquiridas no sean comparables con la velocidad de la luz, en cuyo caso no podrá seguir usándose la vieja regla. Al sumar velocidades tomando en consideración la teoría de la relatividad, obtendremos siempre un resultado un poco inferior al que se obtendría si hiciésemos uso de la mencionada regla. Esto significa que con magnitudes grandes de la velocidad ya alcanzada, ésta no crecería proporcionalmente al tiempo de acción de la fuerza, sino más lentamente, lo cual se comprende, ya que existe una velocidad máxima.

Cuando bajo la acción de una fuerza constante la velocidad de un cuerpo se aproxima a la velocidad de la luz, aquélla aumenta cada vez más lentamente, de tal modo que la velocidad máxima nunca será superada.

Mientras se podía afirmar que la velocidad de un cuerpo crece en proporción a la acción de una fuerza, la masa podía considerarse independiente de la velocidad del cuerpo. Pero cuando ésta llega a ser comparable con la velocidad de la luz, la proporcionalidad entre el tiempo y la velocidad del cuerpo desaparece, y la masa comienza a depender de la velocidad. Y como el tiempo de aceleración crece ilimitadamente y la velocidad no puede superar la magnitud máxima, vemos que la masa crece conjuntamente con la velocidad, tendiendo a alcanzar una magnitud ilimitada cuando la velocidad del cuerpo tiende a ser igual a la velocidad de la luz.

Los cálculos demuestran que la masa de un cuerpo en movimiento crece en proporción a la contracción del cuerpo. Así, la masa del *tren de Einstein* que se mueve a una velocidad de 240.000 kilómetros por segundo es $^{10}/_{6}$ veces superior a la masa de un tren en reposo.

Es natural que cuando tenemos que ver con velocidades normales, pequeñas en comparación con la velocidad de la luz, se pueda prescindir del cambio de la masa, así como prescindimos de que las dimensiones de un cuerpo dependen de su velocidad, o como prescindimos de que el intervalo de tiempo entre dos acontecimientos depende de la velocidad con que se mueve el observador de tales acontecimientos.

La dependencia entre la masa y la velocidad, que se afirma en la teoría de la relatividad, puede comprobarse experimentalmente al observar el movimiento de partículas rápidas, por ejemplo electrones.

Con las posibilidades actuales de experimentación, un electrón que se mueva a una velocidad cercana a la de la luz no es una cosa extraordinaria sino más bien un hecho normal. En aceleradores especiales, los electrones se impulsan hasta alcanzar velocidades que se diferencian en menos 30 kilómetros por segundo de la velocidad de la luz.

De tal modo, la física moderna es capaz de comparar la masa de electrones que se mueven a enormes velocidades con la masa de electrones en reposo. Los resultados de los experimentos confirman totalmente la dependencia entre la masa y la velocidad, que se deduce del principio de la relatividad.

¿CUÁNTO CUESTA UN GRAMO DE LUZ?

El aumento de la masa de un cuerpo está estrechamente ligado al trabajo que se efectuó sobre él, y es proporcional al trabajo necesario para poner al cuerpo en movimiento. Además, no es necesario que el trabajo sea empleado solamente en poner al cuerpo en movimiento. Cualquier trabajo efectuado sobre un cuerpo, cualquier aumento de energía del cuerpo, aumenta su masa. Por ejemplo, un cuerpo calentado tiene mayor masa que uno frío, el resorte contraído tiene mayor masa que el resorte en estado normal. En realidad, el coeficiente de proporcionalidad entre el cambio de la masa y el cambio de la energía es insignificante, y para aumentar la masa de un cuerpo en un gramo, se necesita comunicar a éste una energía de 25 millones de kilovatios-hora.

De ahí que el cambio de masa de los cuerpos en condiciones normales sea del todo insignificante y escape a las mediciones más exactas. Así por ejemplo, el calentamiento de una tonelada de agua desde cero grado centígrados hasta la ebullición, provocará el aumento de su masa aproximadamente en cinco millonésimas de gramo. Si quemamos una tonelada de carbón en un fogón cerrado, los productos de la combustión, una vez enfriados, tendrán una masa inferior solamente en una tresmilésima parte de gramo de la masa del carbón y del oxigeno, de los que se formaron. La masa que falta se va con el calor desprendido durante la combustión del carbón.

Sin embargo, la física contemporánea conoce también fenómenos en los que el cambio de masa de los cuerpos desempeña un papel considerable. Son aquellos fenómenos que tienen lugar al chocar los núcleos de los átomos, cuando de unos se forman otros. Así, por ejemplo, al chocar el núcleo del átomo del litio con el núcleo del átomo de hidrógeno, dando origen a la formación de dos átomos de helio, la masa cambia en 1/400 de su magnitud.

Ya habíamos dicho que para aumentar en un gramo la masa de un cuerpo, se debe comunicar a éste una energía de 25 millones de kilovatios-hora. Por consiguiente, al transformar un gramo de la mezcla de litio e hidrógeno en helio, se desprende una cantidad de energía 400 veces menor:

¡25.000.000 :400=60.000 kilovatios-hora!

Contestemos ahora a esta pregunta: ¿Qué sustancia de la naturaleza es la más cara (tomada en peso)?

Comúnmente se dice que es el radio, un gramo del cual valía hace poco unos 25.000 rublos.

Pero calculemos el costo de la luz.

En las bombillas eléctricas solamente 1/20 de la energía se transforma en luz visible. Por lo tanto, un gramo de luz corresponde a una cantidad de trabajo 20 veces superior a 25 millones de kilovatios-hora, es decir, corresponde a 500 millones de kilovatios-hora. Esto significa, al precio de un décimo de kopec por cada kilovatio-hora, 500.000 rublos; por lo tanto, el gramo de luz es veinte veces más caro que el gramo de radio.

Conclusiones

Pues bien, experimentos rigurosos y convincentes nos obligan a reconocer la validez de la teoría de la relatividad que descubre propiedades asombrosas del mundo que nos rodea, propiedades que escapan a un estudio inicial o, mejor dicho, superficial.

Hemos visto que mediante la teoría de la relatividad se han producido cambios profundos y radicales en los conceptos y nociones fundamentales que el hombre se había formado durante siglos y que se basaban en la experiencia de la vida cotidiana.

¿No significa esto un derrumbe de las ideas tradicionales?

¿Significa que toda la física existente antes de aparecer el principio de la relatividad queda borrada y se la tira como un zapato viejo que dejó de prestar su servicio?

Si las cosas fueran así, sería inútil dedicarse a las investigaciones científicas. No se podría asegurar que en el futuro no habrá de surgir una nueva teoría capaz de desplazar a la antigua ciencia.

Supongamos, sin embargo, que a un pasajero que viaja en un tren expreso corriente, no en el *tren de Einstein*, se le ocurriera corregir su reloj, en base a la teoría de la relatividad, temiendo que de otro modo su reloj pudiera atrasarse con respecto al de la estación. Ese pasajero quedaría en ridículo. Porque, aun sin considerar que la corrección comprende una fracción infinitesimal de segundo, la influencia de una sola sacudida del tren sobre el mejor de los relojes es muchas veces superior.

Un ingeniero químico que tenga dudas acerca de si queda constante la masa de agua al calentarla, evidentemente está mal de la cabeza. Pero si un físico que observa el choque de dos núcleos atómicos, no tiene en cuenta el cambio de la masa durante las transformaciones, debe ser echado del laboratorio por incompetente.

Los ingenieros proyectan y seguirán proyectando sus motores basándose en las leyes de la vieja física, puesto que la corrección de la teoría de la relatividad ejerce menos influencia sobre sus máquinas que la de un microbio posado en el volante de un vehículo. Pero un físico que observa los electrones rápidos está obligado a tener en cuenta el cambio de la masa de los electrones con la velocidad.

Así pues, la teoría de la relatividad no contradice, sino que profundiza los conceptos y nociones creados por la antigua ciencia y determina las fronteras en cuyos límites estos viejos conceptos pueden ser empleados sin conducir a resultados falsos. No queda descartada ninguna de las leyes de la naturaleza descubiertas por los físicos antes de la teoría de la relatividad; sólo se trazan con claridad los límites de su empleo.

La Física que tiene en cuenta la teoría de la relatividad se denomina Física Relativista y la Física tradicional es llamada Física Clásica; entre ambas existe la misma relación que entre la Geodesia Superior, que toma en cuenta la esfericidad de la Tierra, y la Geodesia Primaria que prescinde de esta esfericidad. La geodesia superior debe partir de la relatividad del concepto de la vertical, la física relativista debe tener en cuenta la relatividad de las dimensiones de un cuerpo y la relatividad de los períodos entre dos acontecimientos, al contrario de la física clásica, para la cual esta relatividad no existe.

Así como la Geodesia Superior es el desarrollo de la Primaria, la Física Relativista es el desarrollo y la ampliación de la Física Clásica. Nosotros podremos pasar de las fórmulas de la Geometría Esférica, que es la geometría en la superficie de un globo, a las fórmulas de la Planimetría, o sea la geometría en el plano, si creemos que el radio de la Tierra es infinitamente grande. La Tierra resultará ser entonces, no un globo, sino un plano infinito, y la vertical cobrará un significado absoluto; la suma de los ángulos de un triángulo resultará ser exactamente igual a dos ángulos rectos.

También en la Física Relativista podemos dar un paso similar si creemos que la velocidad de la luz es infinitamente grande, es decir, que la luz se propaga instantáneamente.

En efecto, si la luz se propaga instantáneamente, entonces, como ya queda dicho, el concepto de simultaneidad se convierte en concepto absoluto. Los períodos de tiempo entre los acontecimientos y las dimensiones de los cuerpos adquieren sentido absoluto, sin relación con los observatorios desde los cuales se observan. Por consiguiente, todas las nociones clásicas pueden mantenerse si se considera infinita la velocidad de la luz.

Sin embargo, cualquier intento de combinar la velocidad finita de la luz con la conservación de las viejas nociones sobre espacio y tiempo, nos coloca en la ridícula posición del hombre que sabe que la Tierra es una esfera, pero está seguro de que la vertical de la ciudad donde vive es absoluta, y teme alejarse de su domicilio para no rodar como trompo al espacio.

- Luis Peña: *Introducción al estudio de los insectos de Chile*

- Marcela Torres, Hernán Torres: *Los parques nacionales de Chile. Una guía para el visitante*

- Rodolfo Lesser: *Manual de apicultura moderna*

- Benjamín Suárez, Leonardo Guzmán: *Mareas rojas y toxinas marinas*

- Claudio Donoso, Andrea Premoli, Leonardo Gallo, Roberto Ipinza: *Variación intraespecífica en las especies arbóreas de los bosques templados de Chile y Argentina*

- Fernando Lolas: *Temas de bioética*

- Charles Darwin: *Darwin en Chile (1832-1835)*

- Gerardo Melcher: *El norte de Chile: su gente, sus desiertos, sus volcanes*

- Alexander von Humboldt: *Mi viaje por el camino del Inca (1801-1802). Antología, edición, prólogo y notas por David Yudilevich L.*

- José Ignacio González, Rafael Sagredo: *La expedición Malaspina en la frontera austral del imperio español*